动物园里的朋友们

（第三辑）

我是蚂蚁

［俄］克·卢琴科 / 文

［俄］安·波波夫 / 图

于贺 / 译

江西美术出版社
全国百佳出版单位

我是谁？

　　我没时间呀！我有这么多事情要做！我有这么多能做的、擅长做的事情！因为我的寿命差不多只有一年，所以一直都匆匆忙忙的。好吧，长寿的工蚁一般也就生存3年左右。我们中间也有寿命仅有几周的伙伴，就是普通的雄蚁。可我们的女王能活20年，但与我们相比，她的生活是与众不同的。一般来说，她从来不会从蚁丘中爬出来，只会一直吃东西和产卵。最重要的是，我们是工蚁，蚁丘中的一切事务都靠我们，责任也只能由我们承担！我匆匆忙忙，但还是无法飞起来加快速度。

　　在第一窝小蚂蚁出生之前，只有有生殖特权的雄蚁和雌蚁拥有翅膀。雌蚁受孕后筑巢，脱去翅膀，成为蚁后，产卵，发展一个新的蚁巢。可没人给我们这些"工人"配置翅膀呀。

240 000

只蚂蚁加在
一起才和你
一样重。

蚂蚁的体长从
1 毫米到 **5** 厘米不等。

蚂蚁都有 **2** 个胃，
一个是给自己准备的，另一个则是公用的，
用来给大家储存食物。

我们的身体

    我们的骨架长在体外。人类或其他动物的脊柱位于身体内部，这是支撑身体所有部位的枢轴。而我拥有外骨骼，就像骑士的盔甲。什么是盔甲呢？就是人类为自己装备的保护性骨架。我一生都在外骨骼的保护下东奔西跑，它主要由超强度材料——几丁质制成的。人们说在美国有一种切叶蚁，他们个头很小，就像我们一样，最多7毫克重，可他们的几丁质"盔甲"可以承受数千毫克的负荷，根本不会破裂。哈，我在想他们的天敌费尽力气想要粉碎他们的盔甲，但他们根本不会被压瘪，瞧他们的对手是多么生气呀！

地球上总共约有 **13 000** 种蚂蚁！

蚂蚁的身体由 **3** 部分构成：头部、胸部和腹部。

我们强壮的腿部

　　咦，你都眼花了吗？我一旦跑起来就马不停蹄的，因为需要赶时间呀！与我的六条腿相比，你们人类的双腿真是太原始了！我的腿不仅很强壮，而且都是由五个部分、三个关节构成的，腿的末端都长有带着锯齿的倒钩，要不然我怎么爬上屋顶看月亮呢？我有时也有浪漫情怀呢。我轻松地用倒钩紧抓住墙面，沿着墙爬上去，都不会喘粗气！而且我爬行的路程是最短的，即使前面出现了窗户，我也不需要绕过它，我足部的倒钩就是为此而设计的，让我可以在光滑的玻璃表面上爬行。

蚂蚁的足部长有足垫，

可以分泌一种黏性物质，

这样就不会滑倒了。

爬行速度最快的蚂蚁

可以达到每秒 3 厘米,

是最快的蜗牛

的 10 多倍。

蚂蚁的每只脚都有 9 个关节,

脚的末端是 2 个小钩子。

种类的蚂蚁可以在水下生存4天。

我们是大力士

　　我们蚂蚁的力气非常大，秘密就在于我们腿部的构造。我们可以把腿支撑起来，并形成一定的角度，这样就能承受住比我们重30倍的重量了。如果人类拥有我们这样强壮的手臂，就可以举起一头庞大的大象或者是一辆小卡车了。但是我们体格太小了呀，如果让我们移动装了水的玻璃杯，即便我们力气很大，那也得叫来5000只蚂蚁才移动得了。还好我们并不需要移动杯子。说到水，我想说我不会游泳，而且很害怕水。但是长辈告诉我，在澳大利亚生活着几种可以潜水的蚂蚁，他们可以在水里游很长时间，甚至可以住在水下的巢穴里！我想知道到底是我跑步更快，还是他们游泳更快呢？

要想移动一个人，那得需要 10 000 000 只 蚂蚁！

蚂蚁之间可以通过爪子、颚部相连建造起一座"活"的桥梁，这样的桥梁可以承重 1.5 千克。

我们敏锐的双眼

复眼，这是一个多么美丽的词呀，不是吗？我的眼睛就是这样的，它们由数百个六角形的晶状体组成，这些晶状体的名字很好笑，叫作"小眼面"。我观察世界的方式似乎就像拼图：每只单独的小眼可以看到整幅画面的一小部分，这一小部分正好只冲着一只小眼，而每只小眼看到的图像组合在一起就是完整的图像。并且我不需要转头就可以环顾四周。虽然……说实话，视力算不得我们的长处，没什么可自豪的。因为即使加上用来确定亮度的三只额外的单眼，我也只能辨别运动、静止以及光的强度。但是我已经很幸运了！因为还有盲蚁呢，他们根本没有眼睛。但你知道吗？人类喜欢根据自己的标准来判断、衡量一切。因为我视力不太好，所以你已经准备开始可怜我了吗？但其实视力对我们来说并没有像你们人类那么重要呀！

工蚁的眼睛是由 **100** 多个

小眼组成的。

蚂蚁能看见
4 厘米之内的物体。

蚂蚁最擅长分辨蓝色和紫色，
却   红色。

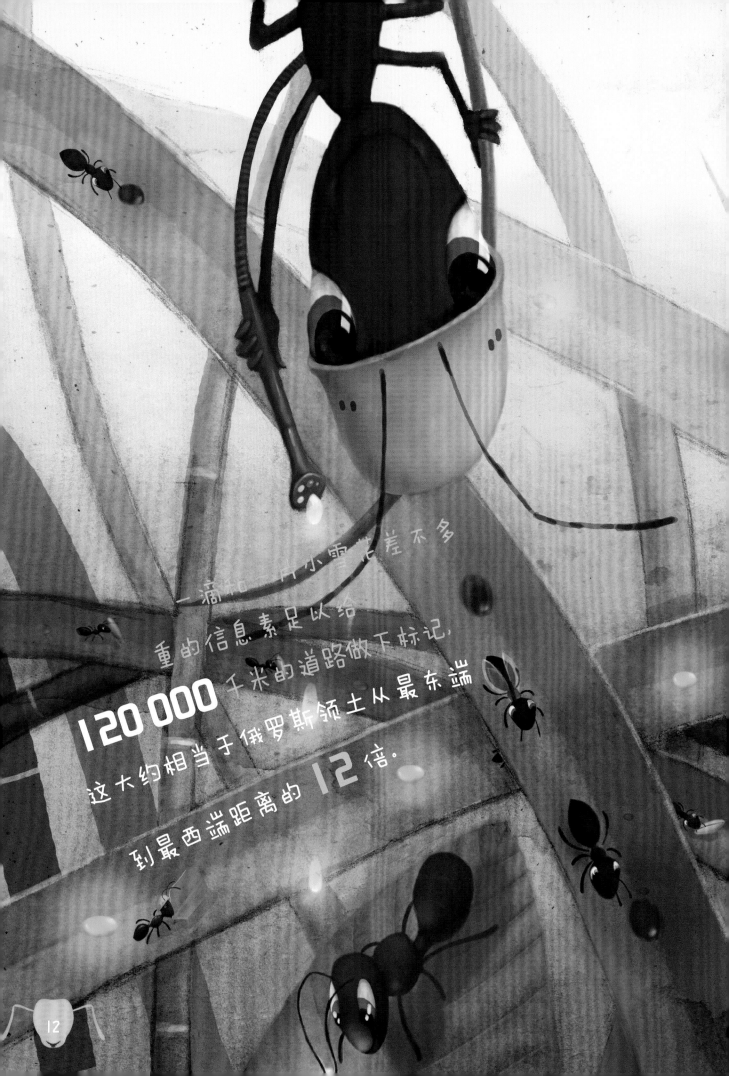

一滴水和一片小雪花差不多

重的信息素足以给

120 000 千米的道路做下标记,

这大约相当于俄罗斯领土从最东端

到最西端距离的 12 倍。

我们的感官

　　顺便说一下，我们没有耳朵。既然我们可以用更有趣的方式来感知世界，那要眼睛和耳朵又有什么用呢？比如，对我来说"声音"就是用爪子"听到"的空气振动。所以在我看来，能发出"声响"的就是正在掉落的叶子或松针，还有就是从我身边跑过去的邻居了。稍等呀，我需要一点儿时间来清洁一下我的"天线"。我的爪子上长着牢固的触毛，可以用它来清洁触须。我天线般的触须可以感知各种气味和化学成分。我还有不同的腺体来分泌特殊的信息素——一种有气味的物质。同一个家庭的成员分泌的信息素闻起来是一样的，这样我们蚂蚁之间就可以相互交流、传递信息了，比如说哪里有食物，需要做什么，或者辨别出谁是陌生人，甚至还可以预测出前方道路的情况，存在着什么样的障碍。我们借助腺体发出这些信号，然后用天线触须识别。所以是不可能撒谎的，信息素一定会说出真相。

危险来临时蚂蚁分泌出警报信息素来寻求帮助。

蚂蚁用来交流的信息素一共有15种。

我们的导航系统

你知道我还有多远才能跑到蚁丘吗？整整 100 米呢！是呀，是我离开家太远了。但我根本不害怕迷路，因为我们蚂蚁有一个功能强大的内置导航系统，比你们的卫星更先进！首先，根据太阳定位：我知道太阳在一天的不同时间里是从不同的角度散发光芒的。其次，地球的磁场为我指引方向：当雨水把我留下的化学标记冲走时，正是磁场指引着我回家。再次，我有一个内置的计步器，我用步数测量走过的距离以及拐弯的次数。最后，我有拥良好的记忆力，可以记住地貌全景和在路上遇到的所有地标，比如说凹坑、土丘、灌木丛。所以我是不会迷路的。只不过我不喜欢下雨和刮风，它们可能会把我冲走或者吹跑呢！只要经历过一次你就会知道这是多么令人讨厌了。

蚂蚁可以记住通向蚁丘的路径，并且这个记忆可以保持 5 天以上。

蚁丘中所有隧道的总长超过 **7000** 米。

1 只蚜虫需要 3 只工蚁照料，
分别充当"牧人"
"守夜人""搬运工人"。

名副其实的牧人

　　这就是牧场了！离家真的很近。我有时候会在这里从事放牧的工作。我放牧的"奶牛"是浅绿色的，这种颜色真令人赏心悦目，但它们给我的不是牛奶，而是甜甜的糖浆。我用触须挠它们，糖浆就会分泌出来。我将这一滴糖浆放进我的"公共"胃里，从叶子上爬下来，然后将这滴糖浆转交给蚂蚁中的搬运工人，他会把糖浆运到仓库。我差点儿忘记说了，我的"奶牛"就是蚜虫！蚜虫会让你们在花园里种植的植物得病。可是我们抚养蚜虫长大，还保护着它们。秋天，我们把蚜虫赶进蚁丘中的"蚜虫栏"里，春天把它们赶上枝头。一开始只让它们在户外进行短暂的停留，之后就是永久散养在户外了。我们用颚部轻轻地咬住蚜虫，它们就会蜷起自己的腿，以免钩住我们。蚂蚁牧人全天轮流值班，一刻都不放松！因为一直有"人"试图吃掉我们的"奶牛"，比如说瓢虫、蝉虫，也可能是来自其他蚁丘的无耻的蚂蚁。所以我们需要时刻目不转睛地监视着他们！这也需要力量和勇气呀。我们是名副其实的牧人，更确切地说，我们是牧"蚜"人！

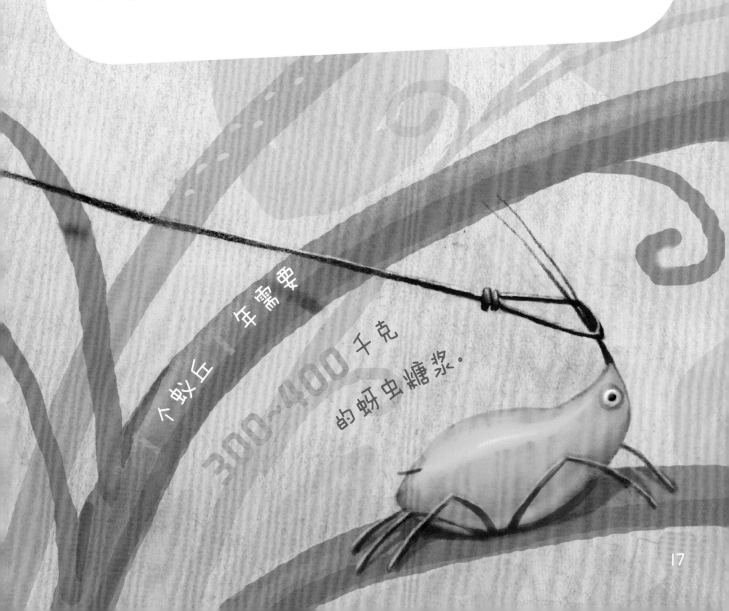

一个蚁丘一年需要300~400千克的蚜虫糖浆。

我们的食物

　　好吧，我已经看厌了"奶牛"，现在想吃东西了！我真的喜欢吃，尤其是吃甜的东西。我刚刚说的蚜虫分泌出的糖浆学名为"蜜露"。但我们也需要多样化的均衡饮食，就像人类一样。我们的幼虫需要更多的营养成分——蛋白质。蛋白质来源于昆虫，主要是毛毛虫，以及其他各种昆虫的卵。蚂蚁越年长，劳动量就越多，就越需要碳水化合物，而碳水化合物可以很快转变成能量。我喜欢浆果、种子、坚果，各种各样的根、叶子、茎。在我享用所有这些美食时，都是以植物汁液的形式吃下去的：有时是酸的，有时是苦的，有时是甜的。我们无法咀嚼，因为我们没有牙齿。但我们可以用强健又美丽的颚部来运送不同的物品，比如说食物、建筑材料还有其他物品。我们颚部的功能几乎可以和人类的手相媲美。因此，我们从所有的食物中挤压出汁液来吸吮，有时里面也夹杂着果肉。

蚂蚁的上下颚像剪刀一样地张开闭合。

一个庞大的蚂蚁家族用一年的时间可以收集 8 000 000 只害虫。

我们的家

　　房子，我们可爱的房子！我终于暖和过来了！而且我也终于安全了！只是我还不能休息。你想参观一下我们的房子吗？我居住在传统的蚁丘里，这就是我在树林里的房子。这栋房子在地上有一个由树枝、树叶和松针制成的大圆顶，地下就是宽敞的房间了。地下和地上部分由通道走廊相连接。我们把蚁丘建得这么高是为了避免草丛妨碍到我们晒太阳。为什么几千年来蚁丘都是以同样的方式建造的呢？这不是因为我们懒得动脑子，而是因为蚁丘尖尖的形状和凸出的圆顶是最理想的建筑方案，能有效防止雨水灌入，这样蚁丘里就不容易变得那么潮湿，一旦潮湿了也能很快变得干燥。夏天我们居住在地上部分，那里被太阳晒得很干燥，爬到出口也更快一些。冬天，我们搬到地下，圆顶帮助我们更好地保温。

入口

蚜虫栏

储藏室

托儿所

日光浴室

入口

垃圾场

粮仓

过冬房间

女王宫殿

我们的职业

　　蚁丘里，每只蚂蚁都为自己的事业忙碌着。虽然我们这里有成千上万只蚂蚁，但我们从来不会觉得"蚁口过剩"。因为我们总是在工作，而且分工明确。瞧，进入房子的时候旁边有看护着入口和出口的守卫，这些蚂蚁的体格是最大的，力量也最强，他们守卫着蚁丘和蚁后。还有一些更魁梧的被选拔出来去当兵蚁了。像我这么小的，一般从事觅食者的工作。我们是觅取食品和建筑材料的专家。我们蚂蚁也有保姆呢，他们看护着卵和幼虫。当然还有医生，我还没有向你们展示我们的医院，我可不喜欢去那里。患者被带到专门的医务室，这样他们就不会将传染病传染给别的蚂蚁了，在那里医生监护着患者。尽管我们的数量很多，但我们还是会保护好自己！因为每一只蚂蚁都是独一无二的呢！

年幼的工蚁先是充当保姆，后来
成为建筑师，再后来又成为饲料采购员。

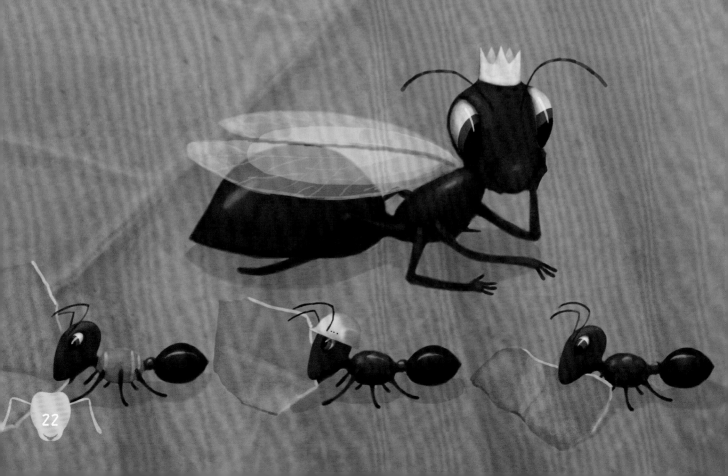

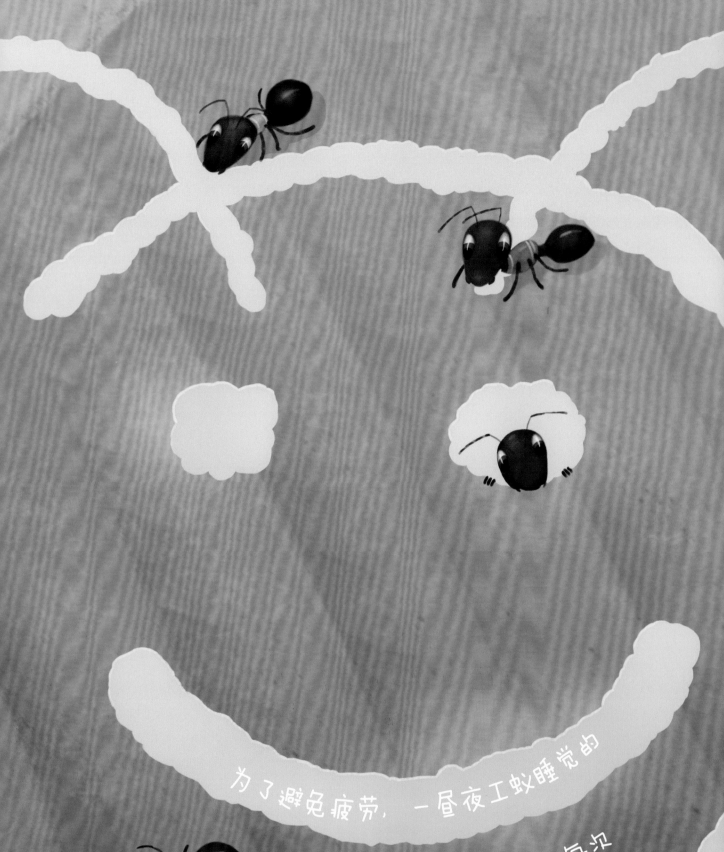

为了避免疲劳，一昼夜工蚁睡觉的次数多达 **250** 次，每次几分钟。

我们的蚂蚁宝宝

　　瞧，这里就是我们的幼儿园了。蚂蚁宝宝由我们共同抚养，就像在一个社区里一样。他们不需要父亲，我们这个大家族共同养育着他们，可以说我们整个蚂蚁世界都在抚养他们。保育员照看着他们，带他们去散步，教他们学习使用化学语言——信息素，以及我们蚂蚁家族其他的一些绝技。我们的生命都是始于蚁后产下的卵。想一想，为什么我们如此爱蚁后，保护着她呢？因为我们都是她的孩子呀。

如果一个蚁丘特别庞大，里面可能生活着数只蚁后。

不同种类蚂蚁的蚁后

每年产卵的数量从 **400**

到 **50 000 000** 颗不等。

我们的成长

　　在一生中我们会呈现四种不同的成长状态，而这一切都从一颗卵开始。从卵中孵化出幼虫，这是一种很懒惰的小型蠕虫，但是吃得非常多，幼虫看起来一点儿也不像成年蚂蚁。我依稀记得当我还是一只幼虫时，大家是如何照顾我，给我喂食、喂水的。那时我没有腿，连眼睛和触须也没有。然后成长中的幼虫停止进食，开始进化成被茧包裹的蛹。蛹的生活真的非常神秘，关于这一点在蚂蚁中有很多争议：蛹会有什么感觉吗？或者这是蚂蚁注定要经历的一段最长最深的梦吗？后来有一天工蚁过来拆开了茧，帮助新生蚁从茧中爬出来，欢迎他们来到幼儿园！

卵 1 周后孵化出幼虫，
幼虫再过 2 周的时间
就开始结成茧。

蚂蚁把茧从一个地方运到
另一个地方是为了避免
茧过冷或过热。

蚂蚁号颚闭合的速度

可达**64**米/秒，

差不多是赛车的行驶速度。

如果人类破坏蚁丘，也会成为

蚂蚁的猎人

请大家不要这样做。

我们的天敌

　　你觉得我们个头小，心地善良，就手无寸铁吗？可不是这样的！我们可以咬人，而且我们也有螯针呢，这是一种内含毒药——甲酸的尖锐注射器，我们会把它注射进任何我们认为对自己或蚁丘有威胁的人或动物的身体。不幸的是，有时敌人的体格过于魁梧，这样的注射攻击只会激怒他们。比如熊类喜欢破坏蚁丘，用爪子翻出里面的蚂蚁和幼虫。有一次我要走出家门口，去寻找搭建日光浴场用的树枝时，突然闻到了一股刺鼻的气味，我抬起触须和眼睛，发现是一只蛤蟆！他蹲在路上，眼睛鼓起，舌头正要伸向我这里。我勉勉强强才得以逃脱！鸟类也追捕我们，特别是啄木鸟。因此，我不喜欢沿着树干奔跑，虽然从高处看到的景色令人难以忘怀，但我宁可不要任何美景！问题是我们还需要在树干上收集树脂来密封蚁丘的出口以便过冬，我该如何对付这些用喙啄我的怪物呢？

你知道吗？

· 世界上有专门为勤劳的蚂蚁树立的纪念碑，分别在韩国、美国、意大利、阿联酋、乌克兰、俄罗斯。

· 俄罗斯境内最大的蚁丘位于托木斯克州，高度为 2.5 米，直径超过 5 米。

· 当蚂蚁醒来时，它们伸懒腰、打哈欠，把颚部张得很大。

· 不能再劳动的老年蚂蚁，不仅不会给其他蚂蚁添麻烦，反而还能喂养照顾幼蚁。

· 许多鸟类在蚁丘中"沐浴"，蚂蚁可以吃掉它们皮肤和羽毛里有害的小虫子。

生活在澳大利亚的斗牛犬蚁

可以跳 **30** 厘米远的距离。

再见啦！
让我们在蚁丘里见面吧！

31

图书在版编目（CIP）数据

动物园里的朋友们．第三辑．我是蚂蚁／（俄罗斯）
克·卢琴科文；于贺译． -- 南昌：江西美术出版社，
2020.11
ISBN 978-7-5480-7515-8

Ⅰ．①动… Ⅱ．①克… ②于… Ⅲ．①动物—儿童读
物②蚁科—儿童读物 Ⅳ．① Q95-49

中国版本图书馆 CIP 数据核字 (2020) 第 067726 号

版权合同登记号 14-2020-0156

出 品 人：周建森
企　　划：北京江美长风文化传播有限公司
策　　划：巴拉拉
责任编辑：楚天顺 朱鲁巍
特约编辑：石 颖 吴 迪 王 毅
美术编辑：童 磊 周伶俐
责任印制：谭 勋

动物园里的朋友们（第三辑） 我是蚂蚁

DONGWUYUAN LI DE PENGYOUMEN (DI SAN JI) WO SHI MAYI

［俄］克·卢琴科／文 ［俄］安·波波夫／图 于贺／译

出　　版：江西美术出版社		印　　刷：北京宝丰印刷有限公司	
地　　址：江西省南昌市子安路 66 号		版　　次：2020 年 11 月第 1 版	
网　　址：www.jxfinearts.com		印　　次：2020 年 11 月第 1 次印刷	
电子信箱：jxms163@163.com		开　　本：889mm×1194mm 1/16	
电　　话：0791-86566274 010-82093785		总 印 张：20	
发　　行：010-64926438		ISBN 978-7-5480-7515-8	
邮　　编：330025		定　　价：168.00 元（全 10 册）	
经　　销：全国新华书店			